BEI GRIN MACHT SICH IHR WISSEN BEZAHLT

- Wir veröffentlichen Ihre Hausarbeit, Bachelor- und Masterarbeit

- Ihr eigenes eBook und Buch - weltweit in allen wichtigen Shops

- Verdienen Sie an jedem Verkauf

Jetzt bei www.GRIN.com hochladen und kostenlos publizieren

Übungsstunde zum Satz des Pythagoras anhand einer alltagsbezogenen Modellierungsaufgabe (Unterrichtsentwurf Mathematik)

Steffen Weber

Bibliografische Information der Deutschen Nationalbibliothek:

Die Deutsche Nationalbibliothek verzeichnet diese Publikation in der Deutschen Nationalbibliografie; detaillierte bibliografische Daten sind im Internet über http://dnb.d-nb.de abrufbar.

ISBN: 9783668583276
Dieses Buch ist auch als E-Book erhältlich.

© GRIN Publishing GmbH
Nymphenburger Straße 86
80636 München

Druck und Bindung: Books on Demand GmbH, Norderstedt Germany
Gedruckt auf säurefreiem Papier aus verantwortungsvollen Quellen

Das vorliegende Werk wurde sorgfältig erarbeitet. Dennoch übernehmen Autoren und Verlag für die Richtigkeit von Angaben, Hinweisen, Links und Ratschlägen sowie eventuelle Druckfehler keine Haftung.

Das Buch bei GRIN: https://www.grin.com/document/382941

Entwurf für den dritten Unterrichtsbesuch im Fach Mathematik (M3/4)

Thema der Unterrichtsreihe:

Die Satzgruppe des Pythagoras

Thema der Unterrichtsstunde:

Übungsstunde zum Satz des Pythagoras am Beispiel einer alltagsbezogenen Modellierungsaufgabe

Inhalt

1 Analyse der pädagogischen Situation und der fachlichen Voraussetzungen

1.1 Äußere Bedingungen

Die vorliegende Unterrichtsstunde wird in der Klasse 9a der XY- Schule in XY durchgeführt, welche ich seit Beginn dieses Schuljahres eigenverantwortlich unterrichte. Der Unterricht findet montags (3. Stunde), mittwochs (1. und 2. Stunde) sowie donnerstags (6. Stunde) im Klassenraum C108 statt. Entgegen den vier Einzelstunden im vorherigen Halbjahr ergeben sich für dieses Halbjahr durch eine Doppelstunde deutliche strukturelle Verbesserungen. Ebenfalls können die räumlichen Bedingungen seit Beginn dieses Halbjahres als gut bezeichnet werden (s. Kapitel 1.2). Zusätzlich zur Tafel steht ein Overheadprojektor zur ständigen Verfügung.

1.2 Lerngruppenanalyse

Die eigentliche Schülerzahl dieser Klasse beträgt 29 SuS [1]. Klassengröße und ein enorm unruhiges Unterrichtsverhalten haben im vergangenen Halbjahr in allen 9. Klassen eine zielführende Unterrichtsgestaltung erschwert. Infolgedessen ist seit Beginn dieses Halbjahres eine Reduzierung der Schülerzahl im Fach Mathematik und damit verbunden eine deutliche Verbesserung der Unterrichtsatmosphäre zu verzeichnen..

Die Klasse besteht nun aus 19 Lernenden, davon 10 Schüler und 9 Schülerinnen.

Auffällig ist eine gesteigerte Lebhaftigkeit der Schüler im Vergleich zu den Schülerinnen. Diese arbeiten überwiegend konzentrierter und motivierter als ihre männlichen Klassenkameraden, welche sich vermehrt durch außerschulische Gedanken ablenken lassen.

Eine Ursache für die geringere Konzentrationsfähigkeit der männlichen Jugendlichen liegt möglicherweise darin begründet, dass sich diese verstärkt in der Phase der Pubertät befinden. Durch kurze Ermahnungen lassen sich solche Störungen in den meisten Fällen schnell beseitigen.

Trotz dieses Phänomens und unter Berücksichtigung der individuellen Lernvoraussetzungen (s. Kapitel 1.3) arbeiten die Schülerinnen und Schüler überwiegend gut im Unterricht mit und sind grundsätzlich an ihrem Lernerfolg interessiert.

Hervorzuheben sind allerdings Felix, Beyza und Johannes. Diese ziehen sich häufig aus Arbeitsprozessen zurück und machen durch störendes Verhalten auf sich aufmerksam. Auch hier genügt in der Regel eine direkte Ansprache der jeweiligen SuS durch die Lehrkraft, um eine Besserung herbeizuführen.

Eine leichte Gruppenbildung entsprechend der Sitzordnung wird vermutet. Eine Ausgrenzung einzelner Schüler ist jedoch nicht bekannt.

Trotz erkennbarer Sympathien zwischen einzelnen SuS herrscht insgesamt ein freundlicher Umgang untereinander. Auch hat sich in den vorangegangenen Stunden gezeigt, dass ein Zusammenarbeiten in

---

[1] Schülerinnen und Schüler

heterogenen Gruppen möglich ist.

Einer kurzen Erwähnung bedürfen die Schüler Niklas, Lucian und Elisa, welche häufig aufgrund ihrer zurückhaltenden Art in der Klasse drohen unter zu gehen. Dies ist nach Rücksprache mit der Klassenlehrerin auch in anderen Unterrichtsfächern der Fall und somit nicht auf die Situation im Mathematikunterricht zurückzuführen. Diese Schüler müssen gezielt zur Mitarbeit aktiviert werden, was insbesondere in Kleingruppen möglich ist, da dort ihre Unsicherheit weniger zum Tragen kommt und sie dadurch deutlich offener mit Problemen umgehen.

Zuletzt ist zu meiner Rolle als Lehrperson zu sagen, dass ich mich in der Lerngruppe wohl fühle und vollkommen akzeptiert werde. Die SuS sind grundsätzlich bereit meine Hilfe einzufordern und bei Problemen nachzufragen. Persönlich sehe ich mich als Lernbegleiter, der den Schülern Denkanstöße vermittelt und keine fertigen Lösungen.

1.3 Lernstandsanalyse

Im Rahmen einer ausführlichen Lernstandsanalyse möchte ich zunächst die fachlichen Kompetenzen der Klasse näher erläutern.

Wie bereits dargestellt zeigen sich die SuS größtenteils engagiert, jedoch hat sich in der Vergangenheit gezeigt, dass die Lernenden über wenig mathematisches Abstraktionsvermögen verfügen und häufig Schwächen in ihrer mathematischen Ausdrucksweise aufweisen. Des Weiteren verfügen die SuS über wenig Gefühl bei der Interpretation von Ergebnissen und deren Transfer in das reale Leben. Davon ausgenommen sind Victoria, Catherina, Alex und Tom. Durch ihre Wortbeiträge tragen diese SuS einen entscheidenden Anteil zur Weiterführung des Unterrichts bei. Leistungsstark im Fach Mathematik ist ebenfalls Benedikt, der sich leider wenig im Unterricht beteiligt. Bei konkreter Ansprache ist er jedoch meistens in der Lage sich am Unterrichtsgeschehen zu beteiligen und gute Beiträge zu liefern.

Besonders schwach sind Beyza, Elisa, Luna und Johannes. Dies äußert sich unter anderem in der kaum vorhandenen mündlichen Mitarbeit sowie in Hausaufgabenüberprüfungen und den bereits geschriebenen Klausuren. Diese SuS benötigen vermehrt Anschauungsmaterial und sind meist nur durch konkrete Hilfestellung der Lehrkraft oder der Mitschüler in der Lage ein mathematisches Problem zu lösen. Der übrige Teil des Kurses liefert überwiegend reproduktive Beiträge und bewegt sich im durchschnittlichen Bereich.

Daran anknüpfend bietet sich eine genauere Erörterung der methodischen Kompetenzen der Lernenden an. Durch meine eigenen Beobachtungen habe ich festgestellt, dass die Schüler grundsätzlich mit der Arbeit in Gruppen vertraut sind. Allerdings hab ich bei der Arbeit in Neigungsgruppen feststellen müssen, dass nichtschulische Themen schnell Überhand nehmen können und somit einen nicht zu vernachlässigenden Einfluss auf den Lernerfolg haben. Die gleichen Beobachtungen habe ich für das Arbeiten in Zufallsgruppen machen müssen. Alternativ bietet sich das Arbeiten in leistungsheterogenen oder leistungshomogenen Gruppen an. Als förderlich für den Unterrichtsprozess hat sich erwiesen, dass die stärkeren SuS nach Möglichkeit die schwächeren Kursmitglieder unterstützen. Es hat sich gezeigt, dass dem heterogenen Leistungsstand der Lernenden am ehesten in Form von Gruppenarbeitsphasen, welche durch das Prinzip des "Lernen durch

Lehren[2]" geprägt sind, entsprochen werden kann. Hierbei ist darauf zu achten, dass das Gruppenergebnis nicht ausschließlich von den besseren Schülern ausgeht, sondern alle Mitglieder involviert werden.

Schließlich lassen sich bei einigen SuS große Unsicherheiten bei der Präsentation von Ergebnissen an Tafel, bzw. Overheadprojektor (OHP) erkennen.

Die Sozialkompetenz innerhalb der Klasse befindet sich auf einem guten Niveau. Dies ist darin begründbar, dass sich die SuS trotz erkennbarer Gruppierungen innerhalb der Klasse im Rahmen ihrer Möglichkeiten gegenseitig unterstützen. Allgemein herrscht ein freundlicher und wertschätzender Umgang untereinander. Besonders hervorzuheben sind in diesem Kontext Alex, Victoria und Catharina, welche durch ihre kognitiven Fähigkeiten maßgeblich den Unterricht bereichern, indem sie ihren Mitschülern und Mittschülerinnen beratend und unterstützend zur Seite stehen.

Zusammenfassend sehe ich sowohl im Bereich der Fachkompetenzen als auch der Methodenkompetenzen Entwicklungspotential. Im Hinblick auf die vorliegende Unterrichtsstunde bleibt zu sagen, dass von Seiten der SuS vermehrt der Wunsch nach Anwendungsbereichen von Quadratwurzeln geäußert wurde. Dies ist durch die Thematisierung des Satzes des Pythagoras möglich. Im Hinblick auf die der Aufgabenkonzeption ist anzumerken, dass die Lernenden bisher wenig Erfahrung mit Modellierungsaufgaben und offenen Arbeitsaufträgen gemacht haben, so dass die vorliegende Stunde als Einstieg in die Förderung dieser mathematischen Kompetenzen gesehen werden soll.

2 Didaktisch-methodische Überlegungen zur Unterrichtsreihe

Maßgebend für die Unterrichtsgestaltung in der neunten Klasse ist der Hessische Lehrplan für das neunjährige Gymnasium[3]. In Verbindung mit dem neuen Kerncurriculum für Hessen[4] beinhaltet dieser als zentralen Themenbereich die Satzgruppe des Pythagoras unter den Leitideen „Raum und Form (L3)" und „Messen (L2)".

Der Satz des Pythagoras ist einer der fundamentalsten Sätze der euklidischen Geometrie.

Darüber hinaus stellt die Satzgruppe des Pythagoras die grundlegende Basis für aufbauende Themenbereiche, wie z.B die Trigonometrie in Klasse 10, dar.

Aufgrund der vorherigen Thematik der *irrationalen Zahlen und Quadratwurzeln,* welche die SuS stark in Bezug auf theoretische Denkweisen gefordert hat sowie der Feststellung, dass die Lernenden große Schwierigkeiten aufweisen praktische Beispiele aus ihrer Umwelt zu benennen, habe ich mich im Rahmen dieser Unterrichtsreihe für eine Verbindung der mathematischen Inhalte mit alltäglichen Problematiken entschieden. Die Anwendung des Satzes an Beispielen aus der Lebenswelt der Schüler eignet sich diesbezüglich, um die „mathematischen Konstrukte mit Sinn zu füllen, die Motivationslage zu verbessern und nachhaltiges Lernen wahrscheinlicher zu machen".[5]

Darüber hinaus hat sich im vergangenen Halbjahr gezeigt, dass es den Lernenden schwer fällt reale

---

[2] vgl. Krüge R .: Projekt „Lernen durch Lehren". Schüler als Tutor von Mitschülern, Klinkhardt, Bad Heilbron 1975
[3] vgl. Hessisches Kultusministerium – Lehrplan Mathematik für Gymnasium (G9), S.33
[4] vgl. Hessisches Kultusministerium – Bildungsstandards und Inhaltsfelder – Das neue Kerncurriculum für Hessen, S.18 ff.
[5] vgl. Leuders, T. (2003): Mathematik Didaktik, Praxishandbuch für die Sek. I und II., Berlin: Cornelsen Skriptor, S. 122

Situationen in einen mathematischen Zusammenhang zu übertragen. Daher sollen die SuS im Rahmen von offenen Modellierungsaufgaben ihre Problemlösekompetenz erweitern, Strategien entwickeln und somit „eine Schlüsselkompetenz im Sinne einer Grundlage für lebenslanges Lernen" erlangen.[6] Damit verbunden ist das Ziel die Selbststeuerung der SuS in der Planung, Durchführung und Auswertung von Handlungsprozessen zu fördern und somit die Fähigkeit zur Modellierung von Prozessen zu verbessern.

---

[6] vgl.ebd. S.122

Einordnung in die Unterrichtsreihe

Datum	Unterrichtsinhalt
Montag 18.02.13	**Einführung „Satz des Pythagoras"** • Vermutung der SuS zum Verhältnis der Summe des Flächeninhaltes der beiden kleinen Quadratre zum Flächeninhalt des großen Quadrates • Überprüfung und Beweis nach Perigal und Definition • Berechnung von einfachen Dreiecken
Mittwoch 20.02.13	**Übung und Vertiefung I** • Wiederholung der wichtigsten Begriffe der letzten Stunde • Übungsaufgaben zum Satz des Pythagoras
Donnerstag 21.02.13 **(UB)**	**Übung und Vertiefung II** • Bearbeitung einer alltagsbezogenen Modellierungsaufgabe in Gruppenarbeit
Montag 25.02.13	**Ergänzung bzw. Übung und Vertiefung III (1)** • Eventuell: Präsentation einer weiteren Gruppe • Berechnen von Längen in ebenen Figuren / Körpern mithilfe von rechtwinkligen Dreiecken.
Mittwoch 27.02.13	**Übung und Vertiefung III (2)** • Berechnen von Längen in ebenen Figuren / Körpern mithilfe von rechtwinkligen Dreiecken. • Anwendungsaufgaben
Donnerstag 28.02.13	entfällt
Montag 04.03.13	**Höhensatz/Höhensatz** • Einführung • Beweis
Mittwoch 6.03.13	**Weitere Anwendungsaufgaben**

Bibliografische Information der Deutschen Nationalbibliothek:

Die Deutsche Bibliothek verzeichnet diese Publikation in der Deutschen Nationalbibliografie; detaillierte bibliografische Daten sind im Internet über http://dnb.d-
nb.de/ abrufbar.

Impressum:

Copyright © 2015 GRIN Verlag, Open Publishing GmbH
Druck und Bindung: Books on Demand GmbH, Norderstedt Germany
ISBN: 9783668214125

Dieses Buch bei GRIN:

http://www.grin.com/de/e-book/321342/der-innere-schweinehund-wie-demotivation-
entsteht-und-ueberwunden-werden

Literaturverzeichnis:

- Dietz, F. (2006): Warum Schüler manchmal nicht lernen: der Einfluss attraktiver Alternativen auf Lernmotivation und Leistung, Frankfurt am Main [u.a.]: Lang, 1. Auflage

- Frädrich, S. (2010): Günter, der innere Schweinehund für Schüler, Offenbach: GABAL-Verlag, 1. Auflage

- Gassert, M. (2013): Alles ist schwer, bevor es leicht wird: Mit dem Wissen der Shaolin zu mehr Disziplin und Willenskraft, München: Ariston, 2. Auflage

- Ghadimi, P. (2013): Third Circle Theory: Purpose Through Oberservation, Virginia: Secret Entourage, 1. Auflage

- Hornig, M. (2013): 30 Minuten Flow, Offenbach: GABAL-Verlag, 2. Auflage

- Huhn, G., Backera, G. (2002): Selbstmotivation: sich selbst gewinnen lassen, München [u.a.]: Hanser Verlag, 1. Auflage

- Müller, A. (2013): Bock auf Lernen, Bern: hep der Bildungsverlag AG, 1. Auflage

- Schäfer, Bodo (2003): Der Weg zur finanziellen Freiheit, München: Deutscher Taschenbuch Verlag, aktualisierte Neuausgabe

- von Münchhausen, M. (2002): So zähmen Sie Ihren inneren Schweinehund: Vom ärgsten Feind zum besten Freund, Frankfurt am Main [u.a.]: Campus Verlag GmbH, 5. Auflage

Elektronische Quellen:

- Buddha, G. (ohne Erscheinungsjahr): 48 Zitate von Gautama Buddha, http://www.nur-zitate.com/autor/Gautama_Buddha/seite-2 (Abruf am 20. Juli 2015)

3 Didaktisch-methodische Überlegungen zur Unterrichtsstunde

Die vorliegende Stunde stellt eine Anwendung des Satzes des Pythagoras dar, die sich an das Rechnen mit Quadratwurzeln anschließt. Nach Einführung, Beweis und Anwendungen an rechtwinkligen Dreiecken habe ich beobachtet, dass die SuS auf der Suche nach der Sinnhaftigkeit/Notwendigkeit des Satzes sind. Diesbezüglich findet man in Schulbüchern, Fachzeitschriften und dem Internet mehr als genügend Anwendungsaufgaben. Allerdings stellt ein Großteil der Aufgaben Situationen dar, die nur bedingt mit der Lebenswelt der Schüler zu tun haben. Dementsprechend gestaltet sich der Transfer *„Das Problem der Aufgabe zu einem wirklichen Problem der Schüler zu machen"* als schwierig. Beispielsweise sind die Schüler nach eigenen Erfahrungen weder an historischen Problemen des antiken Griechenlands, noch an dem Materialverbrauch für Zeltplanen interessiert[7]. Des Weiteren sollte eine gelungene Aufgabe „einen Mindestgrad an Offenheit"[8] aufweisen, „Anlass zu divergentem Arbeiten, [...] individuellen Erkundungen [und] vor allem unterschiedliche Ansätze – auch auf unterschiedlichem Niveau – erlauben"[9]. Aus diesem Grund erscheint mir die Thematisierung der Drehleiterrettung durch die Feuerwehr Lollar im Fall eines Schulbrandes, als eine authentische, spannende Anwendung des Satz des Pythagoras. Durch die veränderte Aufgabenstellung[10] bietet die Aufgabe ausreichend Freiraum für kreative Überlegungen und individuelle Annahmen und somit ein lebendiges Bild von Mathematik. Alternativ wäre z.B. die Modellierung einer Seilbahn[11] möglich gewesen. Allerdings habe ich mich gegen diese inhaltlich sehr spannende Aufgabe entschieden, da hier kein unmittelbarer Bezug zur Lebenswelt der SuS vorhanden ist. Eine zweite denkbare Alternative wäre die Beantwortung der Frage: „Wie weit kann man von einem Leuchtturm (oder der Burg Staufenberg) schauen?" gewesen. Hier scheint mir jedoch das Problem nicht im fehlenden Lebensweltbezug, sondern vielmehr in der aus meiner Sicht noch zu wenig ausgeprägten Modellierungskompetenz der Lernenden zu bestehen. Im Weiteren möchte ich durch die Behandlung des gegebenen Beispiels die Problemlösekompetenz der SuS gezielt trainieren. Die Lernenden erhalten die Möglichkeit ihre heuristischen Strategien implizit zu erweitern und somit ihre „geistige Beweglichkeit"[12] zu erhöhen. Demnach stellen die Problemlösekompetenzen nicht nur einen „Weg beim Arbeiten, sondern bereits ein erklärtes Ziel"[13] dar.

Die SuS werden bereits zu Beginn der Stunde durch mich in heterogene *Klein*gruppen eingeteilt. Ziel der Gruppenarbeit ist es ganz nach dem Prinzip des "Lernen durch Lehren" sowohl den schwachen, als auch den leistungsstärkeren SuS im Sinne einer inneren Differenzierung gerecht zu werden. Insbesondere erhoffe ich mir durch die Gruppenzusammensetzung den oben beschriebenen Defiziten

---

[7] zwei typische Aufgaben

[8] vgl. Leuders, T. (2003): Mathematik Didaktik, Praxishandbuch für die Sek. I und II., Berlin: Cornelsen Skriptor, S. 128

[9] vgl. ebd. S.128

[10] Die Aufgabe thematisiert im weiteren Sinne das klassische, eingekleidete Problem: „Wie lange muss die Feuerwehrleiter sein, falls es im obersten Stockwerk des Schulgebäudes brennen sollte?"

[11] Die Seilbahn am Zuckerhut in Rio de Janeiro

[12] vgl. Bruder, R. (2005): Problemlösen lernen für alle. Darmstadt

[13] vgl. Leuders, T. (2003): Mathematik Didaktik, Praxishandbuch für die Sek. I und II., Berlin: Cornelsen Skriptor, S.132

in der mathematischen Argumentationsfähigkeit sowie den unterschiedlichen Lernausgangslagen der SuS gerecht zu werden. Zugleich fördert diese Sozialform die Kooperations- und Kommunikationsfähigkeit und bietet die Möglichkeit alle SuS unabhängig ihres Vorwissens zu aktivieren.

Nach einer kurzen Erläuterung zum Unterrichtsvorhaben sowie Formulierung meiner Erwartungen an die Lernenden erfolgt der Einstieg der Stunde durch ein allgemein gehaltenes, von mir moderiertes Unterrichtsgespräch zur realen Situation „Verhalten im Brandfall in der Schule". Insbesondere wird die Rettung aus höheren Stockwerken von mir problematisiert.

Sinn dieser Phase ist es, die Lernenden zum Nachdenken anzuregen, und für die anschließende Erarbeitungsphase zu motivieren.

Während dieser Arbeitsphase werde ich die Klasse beobachten und mich weitestgehend aus den Gruppenprozessen heraus halten. Um den SuS dennoch ein selbständiges Erarbeiten einer Lösung zu ermöglichen und zugleich den ersten Umgang mit Modellierungsaufgaben zu erleichtern, habe ich gestaffelte Hilfekarten vorbereitet. Durch diese optionale Nutzung bleibt der problematisierte Ansatz bestehen. Mögliche Schwierigkeiten sehe ich bei der Übersetzung der realen Situation durch die Lernenden in ein mathematisches Modell in Bezug zum Grad der Offenheit und der Neuartigkeit des Aufgabentyps. Es ist möglich, dass die Lernenden zunächst längere Zeit ohne große Fortschritte lediglich die Problematik diskutieren und aufgrund der leistungsheterogenen Gruppen einige Schüler verstärkt Unterstützung durch die Mitschüler benötigen. Ich habe mich gegen leistungshomogene Gruppen und für heterogene *Klein*gruppen entschieden, da sich in der Vergangenheit gezeigt hat, dass trotz zusätzlicher Hilfen, die schwächeren Schüler heillos überfordert und sehr schnell demotiviert waren.

Zudem habe ich für sehr schnelle Gruppen einen erweiterten Arbeitsauftrag formuliert, der sich an die Bearbeitung der eigentlichen Aufgabe anschließt.

In der darauf folgenden Präsentationsphase stellen eine Gruppe (Minimalziel), im Idealfall zwei Gruppen ihre Ergebnisse anhand ihrer Folie und unter Verwendung des OHP vor. Diese Form der Präsentation soll gewährleisten, dass die Arbeit der Gruppen gewürdigt und eine hohe Schüler-Aktivierung bewirkt wird. Sollte es aus zeitlichen Gründen nur für eine Präsentation reichen, wird die weitere Präsentation in die nächste Stunde verlagert.

Für den Fall, dass keine Gruppe im angestrebten Zeitraum fertig wird, erfolgt die Präsentation bis zur bearbeiteten Stelle. Mit Hilfe des Plenums können anschließend die nötigen Ergänzungen vorgenommen werden.

4 Didaktisches Zentrum

Die Schüler festigen und erweitern ihr Wissen über den Satz des Pythagoras, indem sie eine Modellierungsaufgabe in leistungshomogenen Gruppen bearbeiten, im Anschluss präsentieren und ihr Vorgehen beschreiben.

Teilkompetenzen:

Die Lernenden...

- erweitern ihre *Modellierungskompetenz*, indem sie das gegebene Problem erkennen, in ein mathematisches Modell übersetzen, lösen und die Ausgangsfragestellung beantworten können (K3)[14].

- erweitern ihre *Problemlösekompetenz*, indem sie die vorliegende Aufgabe nicht nur lösen, sondern sich auch über ihr Vorgehen bewusst werden (K2).

- arbeiten im Rahmen des Kompetenzbereiches *Kommunizieren*, indem sie mathematische Sachverhalte mündlich und schriftlich ausdrücken, sowie aus mathematischen Texten und Abbildungen Informationen entnehmen (K6)

- verbessern ihr eigenverantwortliches Arbeiten, indem sie in der Gruppe weitestgehend ohne Hilfen der Lehrperson die Aufgaben bearbeiten (*Personale Kompetenz*[15]).

- verbessern ihre *Kommunikations- und Kooperationsfähigkeit*, indem sie in der Gruppe zusammenarbeiten und von den vielfältigen Ideen der Gruppenmitglieder profitieren (*Sozialkompetenz*).

- erweitern ihre *Medienkompetenz* indem sie unter Verwendung der vorhandenen Medien ihre Lösungen anschaulich der Klasse präsentieren (*Lernkompetenz*).

---

[14] vgl. Bildungsstandards im Fach Mathematik für den Mittleren Schulabschluss, Beschluss vom 04.12.2003 S. 7ff.
[15] vgl. Hessisches Kultusministerium – Bildungsstandards und Inhaltsfelder – Das neue Kerncurriculum für Hessen, S.8ff.

5 Literatur

Hessisches Kultusministerium – Lehrplan Mathematik für Gymnasium (G9), S.33

Hessisches Kultusministerium – Bildungsstandards und Inhaltsfelder – Das neue Kerncurriculum

Bildungsstandards im Fach Mathematik für den mittleren Schulabschluss, Beschluss vom 04.12.2003

Bruder, R. (2005):   Problemlösen lernen für alle. Darmstadt

Krüge R .:   Projekt „Lernen durch Lehren". Schüler als Tutor von Mitschülern, Klinkhardt, Bad Heilbron 1975

Leuders, T. (2003):   Mathematik Didaktik, Praxishandbuch für die Sek. I und II., Berlin: Cornelsen Skriptor

6 Anhang

Hurra, Hurra die Schule brennt...

Die Feuerwehr-L. besitzt ein kleines Drehleiter-Fahrzeug. Ein solches Fahrzeug dient neben der Brandbekämpfung vornehmlich zur Menschenrettung. Über einen Korb, welcher am Ende der Leiter angebracht ist, können Personen aus großen Höhen gerettet werden. Darüber hinaus kann ein solches Fahrzeug auch zu technischen Hilfeleistungen verwendet werden. Mit Hilfe der Drehleiter ist es somit möglich eine Einsatzstelle auszuleuchten oder beispielsweise nach Sturmschäden umgestürzte Bäume zu beseitigen und lose Dachziegel zu bergen. Das Fahrzeug hat einen Wert von mehr als einer halben Millionen Euro und erfordert eine intensive und kostspielige Wartung durch den Hersteller. Im Falle einer Rettung muss das Fahrzeug laut einer Vorschrift 15 m Mindestabstand vom brennenden Gebäude einhalten.

Reicht die Drehleiter um gefährdete Personen im Falle eines Brandes vom Dach unserer Schule zu retten?

Rollenverteilung während der Gruppenarbeitsphase:

Protokollant: _____

Zeitwächter: _____

Informant: _____

Präsentation (min. 2 Personen): _____

Technische Daten des Fahrzeuges:

Fahrzeugtyp	Hubrettungsfahrzeug
Bezeichnung	Drehleiter mit Korb, DLK 23-12
Din-Norm	Din 14701
Fahrgestell	IVECO 140-25A
Aufbau	Magirus Brandschutztechnik, Ulm
Abmaße (L x B x H in mm)	10000 x 2500 x 3300
Hubraum	6871ccm
Leiterlänge	25 m
Korbkapazität	Maximale Last von 200 kg bzw. 2 Personen
Höchstgeschwindigkeit	95 km/h
Funkrufname	Florian L 1/33
Standort	L

Hilfekarten:

Tipp:

- Überlegt zunächst, welche Informationen für die Bearbeitung eures Problems hilfreich und welche eher nebensächlich sind.

1

Tipp:

- Fertigt eine Skizze an und überlegt euch, welche Werte bekannt sind und welche Werte ihr errechnen müsst.

2

Tipp:

- Überlegt euch, welche der abgebildeten geometrischen Figuren am ehesten euer Problem beschreibt.

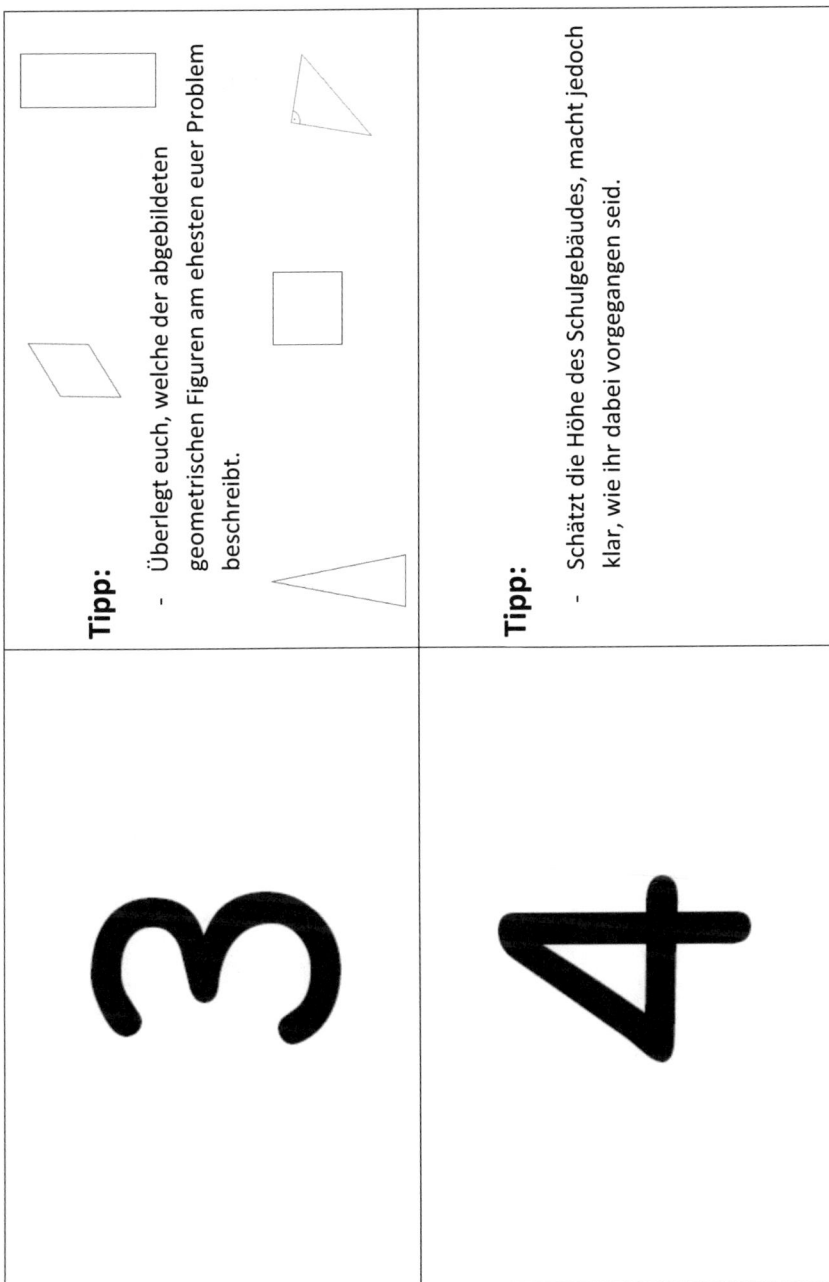

3

Tipp:

- Schätzt die Höhe des Schulgebäudes, macht jedoch klar, wie ihr dabei vorgegangen seid.

4

Erweiterte Aufgabenstellung:

Für schnelle Köpfe ☺	Wie lange würde eine Rettung von 5 Personen dauern?

BEI GRIN MACHT SICH IHR WISSEN BEZAHLT

- Wir veröffentlichen Ihre Hausarbeit,
  Bachelor- und Masterarbeit

- Ihr eigenes eBook und Buch -
  weltweit in allen wichtigen Shops

- Verdienen Sie an jedem Verkauf

Jetzt bei www.GRIN.com hochladen und kostenlos publizieren